U0064175

無敵偵探狗 1

神秘的鞋印

新雅文化事業有限公司
www.sunya.com.hk

姓名：科南

性別：男

職業：偵探

性格：聰明機智、遇事鎮定。

強項：善於製作各種偵探工具。

理想：保護汪汪城的每個成員，偵破所有疑難案件！

興趣和愛好：鑽研百科知識，應用到案件偵探中。

姓名：露露

性別：女

職業：偵探

性格：不怕困難、膽大心細。

**強項：精通多種密碼，善於從案發現場
　　　尋找蛛絲馬跡。**

理想：幫助所有偵探迷成為無敵偵探！

興趣和愛好：學習偵探知識和技能。

案件提示

　　小偵探朋友，歡迎你成為無敵偵探隊成員！現在我們要馬上一起到犯罪現場進行搜查。為了讓你能清楚地掌握有關案件中的線索，請你認真閱讀以下的提示：

1. 在這個案件中，你將會學到如何搜集和分析罪犯留下的各種線索，包括提取指紋、唇印、鞋印、咬痕；分析墨跡、筆跡；鑑定毛髮、車胎痕等等。還有，學習識破間諜的各種技能，包括如何喬裝打扮、偷聽、監視、跟蹤和交換情報等。

2. 你和我們一起調查時，將會遇到很多職業偵探才能解決的問題。你要做的事情就是跟着我們，一起認真<u>學習偵探知識與技能</u>。

3. 在破案的過程中，你要仔細觀察現場留下的蛛絲馬跡，<u>隨時做好記錄</u>，並進行邏輯推理。

4. 在偵破每個案件後，請你翻到第 48 和 90 頁的「記錄表」，如實記錄自己的調查情況。

無敵偵探
登記卡

各位小偵探，現在我們正碰到很棘手的案件，非常需要你的幫忙，請你填好下面的登記卡，加入到無敵偵探隊來吧！

介紹一下你自己吧！

姓名： ....

性別： ....

年齡： ....

性格： ....

強項： ....

理想： ....

興趣和愛好：

目錄

家有間諜

小狗失蹤了

這天，風和日麗，偵探狗露露和科南的樹屋裏十分安靜。露露蜷縮在沙發上打瞌睡。而科南則正在埋頭看報紙，看到發生在汪汪城的綁架案報道時，他不禁連連搖頭。突然⋯⋯

「救命啊！救命啊！」樹屋外傳來了呼喊聲。

科南隨即扔下報紙，露露也跳下沙發，他倆同時探頭查看外面的情況。只見鄰居巴克特太太正在樹下焦急地轉來轉去。

「發生了什麼事？」露露朝巴克特太太喊道。

「我的孩子不見了！」巴克特太太哭着訴說，「我才出門一

分鐘，等我回來時，他們就不見了！」

　　露露和科南連忙從樹屋跑了下來。露露輕拍巴克特太太的背，安慰她說：「別擔心，巴克特太太。我們會找到他們的。」

　　「我們快去現場搜集證據，看看小狗究竟去哪兒了？」科南說。

　　「這麼說孩子們被拐去了嗎？」巴克特太太更加緊張了。

　　科南點點頭，「小狗可能被綁架了。」「綁架?!」巴克特太太說罷，嚇得昏倒在地上。

搜尋線索

　　露露急忙想辦法把巴克特太太弄醒。

　　巴克特太太一醒，露露和科南便搶着問她：「你什麼時候發現小狗失蹤了？」

　　「你看到附近有人嗎？」

　　「你注意到有什麼可疑的事情嗎？」

　　巴克特太太的頭一會兒轉向露露，一會兒轉向科南。

　　「我不記得了！」她哭着說，「只注意到窗戶開着，窗台上有小奇吃剩的餅乾屑。」

　　「巴克特太太，你留在這裏，如果小狗回來，就通知我們。」露露說完，就和科南一起循着餅乾屑的氣味找小狗去了。

⊕ 偵探的眼力

　　偵探總是眼力過人，在犯罪現場，他們會注意到常人不會注意到的事情。各位小偵探，考考你，以下有些關於第 10 至 11 頁圖中場面的細節。你能找出正確的答案嗎？不要翻回去看，只要寫下答案，然後翻到第 46 頁，看你能得多少分。

1. 巴克特太太家有幾隻斑點狗寶寶？
2. 他們和誰在一起？
3. 小狗吃的餅乾是什麼形狀的？
4. 小狗身上有沒有戴着什麼特別的東西？

小偵探學堂

可疑的指紋

　　露露和科南循着餅乾屑的氣味一直追蹤來到了一個魚池旁。

　　露露繞着魚池，拚命地嗅。「事情真是很可疑。」她說，「餅乾屑的味道突然消失了。」

　　「對啊，真是有可疑呢！你看，這裏有線索。」科南指着一片凌亂的狗爪印說。

　　露露翹起鼻子，又嗅了嗅，「慢着，我聞到味道了，是從那邊的灌木叢飄過來的。」

　　科南扒開樹枝，看見一個撈魚用的魚網。他細細地端詳着魚網的手柄，「有指紋！」

　　露露純熟地戴上一副橡膠手套，「我來取下指紋，這可是一個非常有力的證據。」

⊕ 提取指紋

　　指紋是指我們手指頭上的皮膚紋理，每個人的指紋都不一樣。偵探們經常通過指紋來發現嫌疑犯。科學家把指紋分成 8 種（詳見第 47 頁）。小偵探們，你也一起來試試提取幾個指紋吧，看看它們屬於哪一種。

你需要：

- 可可粉
- 小刷子
- 白紙
- 透明膠紙

步驟：

1. 如果你找不到清楚的指紋，可以試試自己印一個。先把手指插進頭髮擦幾下，或者在鼻子兩側抹幾下，好讓指尖沾上油。然後，把這根手指按在玻璃杯上。

2. 在指印上稍稍撒些可可粉。

3. 用小刷子輕輕地刷掉多餘的可可粉。這時，你就會看到指紋了。

4. 小心地把一塊透明膠紙貼在指紋上，然後輕輕揭下來。玻璃杯上的指紋就印到膠紙上了。

這就是我們提取的指紋。

5. 把透明膠紙貼在白紙上，這樣你就提取到指紋了。

牛奶瓶上的唇印

「喵——嗚！」

露露豎起耳朵細聽着說：「這是貓的叫聲。該不會是哪隻貓也出事了吧？」

露露和科南趕緊朝聲音傳來的方向跑去。這哀叫聲是小貓咪咪發出來的。只見她的門廊前有幾個空的牛奶瓶倒下了，倒瀉了一些牛奶在地上。

🛡️ 小偵探學堂

⌖ 提取唇印

唇印和指紋一樣，也是獨特的，每個人嘴唇的紋理各不相同。你可以試試用下面的方法來提取唇印。

你需要：
• 唇膏　• 玻璃杯　• 透明膠紙

步驟：
1. 仔細地把唇膏塗在嘴唇上。

「我的早餐、午餐和晚餐都被人偷吃了!」她傷心地哭道。

「別哭了,咪咪。牛奶已經沒了,你哭也沒用啊。」科南說。

露露小心翼翼地拿起一個空瓶子,仔細端詳。「啊哈!這個偷牛奶的賊留下了痕跡。」她指了指瓶口處的一塊污漬對科南說,「你看,有唇印!」

「快把它提取下來,儲存好。」科南轉身對咪咪說,「我們會儘快查出誰是竊賊的。」

2. 拿起杯子,像喝水那樣讓嘴唇在杯上輕輕地碰一下。

3. 把杯子舉到亮處,看看你留下的唇印。

4. 從玻璃杯上取唇印時,要小心地把一塊透明膠紙貼在唇印上,然後輕輕揭下來,唇印就印在膠紙上了。最後,把透明膠紙貼在白紙上,這樣你就提取到唇印了。

這就是我們提取的唇印。

奇怪的勒索字條

露露和科南正打算回魚池繼續尋找線索，突然……

「露露！科南！」巴克特太太叫着跑了過來，遞給他們一張字條。

這是勒索字條嗎？科南有些被弄糊塗了。報紙上說綁匪都會跟受害者的家人要錢的，而這個綁匪卻只要吃的。

「紙條上用了『請』、『謝謝』。」露露唸道，「這個綁匪還挺有禮貌的——還有，他愛吃牛肝。」

「仔細看看字條，也許能從上面發現更多線索。」科南轉身對巴克特太太說，「你去買餅乾，我們檢測一下字條上的墨跡。」

> 小狗在我手上。要保證小狗平安無恙，請多準備一些牛肝味的餅乾放在汪汪公園的消防隧道裏。
>
> 謝謝！要快！他們餓了！

◉ 分析墨跡

　　偵探在犯罪現場發現字條時，通常會分析墨跡。這是因為不同牌子的原子筆在紙上留下的墨跡各有不同。鑑證人員會試圖通過分析墨跡來找到寫字條的筆和人，各位小偵探，一起來動手試試分析墨跡吧！

你需要：
- 1 張闊 2.5 厘米，長 10 厘米的過濾紙
- 1 枝黑色原子筆
- 膠紙
- 1 個裝有半杯水的玻璃杯

步驟：

1. 如下圖所示，用筆在紙條一端大約 1 厘米處塗一塊指甲蓋那麼大的方塊。假定這是用寫勒索字條的那枝筆塗的。

2. 用膠紙把紙條的另一端貼在筆上，讓紙條如右圖所示那樣掛下來。把筆放在盛着半杯水的玻璃杯上，要讓紙條剛剛接觸到水面。紙條會慢慢把水吸上來，墨跡也會隨着水向上走。

3. 讓墨跡走出適當長度後，取下紙條晾乾。這樣你就得到這枝筆的墨跡了。不同類別的筆的墨跡是不一樣的。

神秘的鞋印

　　做完了墨跡分析，露露和科南拿着巴克特太太買的餅乾去贖小狗。在路上，他們遇見了小狗佩提。

　　「朋友，真糟糕，我的輪子被偷了。」

　　「什麼輪子？」科南感覺有點莫名其妙。

　　「哦，朋友。我是說我的滑板不見了。」

　　「不過證據還在。」露露指着泥地裏的一個鞋印說。

　　科南彎下身子，仔細地觀察，「好像在咪咪的門廊上也見過這種鞋印。」

　　「你知道是誰拿走了我的滑板嗎？」佩提問。

　　「不知道。不過我們會查出來的。來吧，露露，我們來做個鞋印模。」

提取鞋印

在犯罪現場留下的鞋印常常能為偵探提供重要的破案證據。鑑證人員會把在犯罪現場發現的鞋印做成鞋印模，以確認鞋子的主人。另外，根據鞋印的深淺程度可以分析出鞋底磨損的情況，從而推斷鞋印的主人走路的姿勢。小偵探們，一起來動手提取鞋印吧！

你需要：

- 剪刀
- 凡士林油
- 報紙
- 熟石膏（可在五金店買到）
- 1 個空鞋盒
- 小刷子

步驟：

1. 剪掉鞋盒的底部，用凡士林油塗抹盒子的四邊。
2. 在泥土裏印一個清晰的鞋印，然後用鞋盒框住鞋印。
3. 按照熟石膏包裝袋上的說明，把熟石膏倒進即用即棄的容器裏，加入適量的水，攪拌均勻。

4. 將攪拌好的石膏倒進鞋盒裏，蓋住鞋印。靜置約 20 至 30 分鐘，讓石膏變硬。

5. 拿掉鞋盒，小心地提起變硬的石膏，拿進屋裏，放在報紙上晾一夜。
6. 等石膏完全乾了，用小刷子掃掉模子上的泥土。這樣，你就能清楚地看到鞋印了！

又一個鞋印

「露露！科南！」

這是汪汪城裏最注重衞生的狗——馬奇的聲音。科南心想，千萬別又生出什麼枝節來，他和露露得趕快把賣小狗的餅乾送到公園去。

可是，馬奇不讓他們走，「看，這裏亂七八糟的，都是那幾隻狗亂踩的，他們像追兔子似地直竄過去。我又需要把這些東西重新洗一遍了。」

🛡 小偵探學堂

⊕ 從腳掌長度推算身高

一個人的腳掌長度通常大約是他身高的 15%。偵探通過鞋印能推測出嫌疑犯的腳長，從而計算出嫌疑犯的身高。小偵探們，一起來動手算算看吧！

露露目不轉睛地盯着一個枕套上的鞋印，「這綁匪比我想像的要矮。」

「你怎麼知道？」馬奇驚訝地問。

「其實，我們從一個人腳掌的長度可以推算出他的身高。」她一邊說，一邊拿出捲尺，「我量給你看吧。」

你需要：

- 捲尺
- 鉛筆
- 紙
- 計算機

步驟：

1. 讓一個人站在紙上，用鉛筆畫出腳尖和腳跟的位置，並用捲尺量出他的腳長。
2. 把量出來的數字除以 15，再乘以 100。例如：如果腳長 18 厘米，那麼這個人的身高就是 120 厘米左右。

肉店裏的線索

　　露露和科南很擔心巴克特太太的小狗，露露說：「小狗們一定餓壞了。馬奇，我們回頭再來幫你。」說完，他倆匆匆忙忙地朝公園的方向跑去。

　　「再過一個街口就到了。」科南話音剛落，就被肉店老闆大笨撞了一個踉蹌。

　　「有幾個賊搶走了我的餡餅和香腸。」大笨怒氣沖沖地吼道，「他們騎單車往那邊跑了。」

　　「憑我的直覺，這個偷肉賊和綁架案有關！我去追他，露露你進屋看看有什麼其他的線索。」科南一邊跑去追單車，一邊大喊。

　　露露跑進肉店裏，只見裏面亂糟糟的，碟子和食物撒了一地。

　　她彎下身，拾起一塊餡餅。「上面有咬痕。」她向大笨解釋道，「我能把它帶走作證物嗎？」

⊕ 分析咬痕

　　每個人的牙齒生長情況不一，鑑證人員可以透過分析被害人的牙齒或案件現場發現的食物咬痕來追查案件。咬痕是指一個人咬東西時牙齒留下的痕跡，可以幫你推測疑犯是哨牙還是倒合牙，是否有牙齒歪斜或者缺牙。

你需要：

- 剪刀
- 1個發泡膠碟子

步驟：

1. 把發泡膠碟子剪成 6 等份。
2. 把這 6 份整齊地疊好，剪下尖頭部分。

3. 把它放進嘴裏，用力咬。這樣碟子的上層就留下了你上顎的牙印，下層就留下了下顎的牙印。如果上牙印距邊緣的距離大於下牙印距邊緣的距離，那麼就是哨牙；相反，就是倒合牙。

4. 數一數有多少顆齒印，再看看它們的形狀。注意觀察牙齒間的空隙。這樣你能判斷留下咬痕的人是否有牙齒歪斜或者缺牙。

我猜那綁匪就是在肉店搗亂的犯人。

籬笆上的毛髮

科南跑得飛快，但偷肉賊的速度更快。只見他騎着單車衝過了籬笆，鑽過了鞦韆，穿過了馬奇晾曬的乾淨被單。

不知什麼東西弄得科南鼻子癢癢的，他只好在被單車撞倒的籬笆前停住腳。他一抹鼻子，掉下一縷棕色的毛。啊！籬笆上也留下了毛髮呢。

★ 小偵探學堂

⊕ 鑑定毛髮

偵探常常會仔細檢查案件現場發現的毛髮樣本，並和嫌疑犯身上取到的毛髮作比較。鑑證人員能根據某個人一小縷毛髮來判斷這個人的年齡、性別和種族。你也可以試試搜集，分析毛髮樣本呢。

你需要：

- 透明膠紙
- 幾張小紙片
- 顯微鏡或放大鏡
- 幾個朋友的頭髮
- 從幾隻寵物身上收集的毛

　　但是，等科南衝出籬笆時，大家正好看見單車在一個拐彎處消失了。

　　「真倒霉！」科南氣喘吁吁地回到籬笆缺口處，把發現的那縷毛裝進袋子裏。這時，露露也趕到了。「這是新線索。」科南說着，把袋子遞給露露。

步驟：

1. 用膠紙把每縷毛髮貼在一張小紙片上。
2. 在紙的背面寫下毛髮主人的名字。
3. 用顯微鏡或放大鏡觀察這些樣本，注意找出以下的特徵，並記錄觀察結果。

- 毛髮有多長、多粗，是鬈曲的，還是直的？
- 是什麼顏色的？
- 有沒有光澤？
- 整縷毛髮是一種顏色嗎？
- 粗糙的還是光滑的？

如果你在犯罪現場發現了毛髮，你可以注意這些特徵：

- 男性的毛髮比女性的毛髮粗。
- 染過的頭髮沒有光澤。
- 狗毛是粗糙的。
- 貓毛是光滑的。

單車的車胎痕

　　於是，科南仔細觀察那縷毛，露露則在籬笆周圍轉來轉去。「他們還留下了其他線索。」她指了指單車的車胎痕。

　　科南興奮得叫起來，「我們順着車胎痕找，一定能找到他們。」他和露露順着車胎痕一前一後地走，但是走到行人路時，車胎痕消失了。

　　「真可惡！差一點兒就抓到他們了。」科南說，「我們給車胎痕拍張照片吧，也許能找到跟它吻合的車胎。」

　　科南拿出即拍即有照相機，對着車胎痕「咔嚓！」一下，幾秒鐘後，照片出來了，科南和露露拿着照片就開始去搜索單車了。

◎ 提取車胎痕

　　偵探會拍下遺留在犯罪現場的車胎痕，然後和嫌疑犯的車胎或車胎痕相對照。你也來一起試試動手提取單車的車胎痕吧。

你需要：

- 食用油
- 噴霧罐
- 可可粉
- 小刷子
- 封箱透明膠紙
- 1 張 A3 白紙

步驟：

1. 給單車前胎的一半噴上食用油。在戶外郊野公園，找一段平坦的行人路，把噴過油的那一半輪子在行人路上滾一下。這樣，行人路上就會留下一道車胎痕。

2. 在車胎痕上輕輕噴一層可可粉。

3. 用小刷子輕輕地刷掉多餘的可可粉，這樣就能看清楚車胎痕了。

4. 小心地把一塊膠紙貼在車胎痕上，然後輕輕地揭起來。膠紙上就會留下車胎痕。

5. 把膠紙貼在白紙上，這樣你就提取到車胎痕了。

這是跟蹤竊賊的好辦法！

疑犯的筆跡

　　科南和露露把車胎痕的照片和附近找到的單車輪胎一一對比。「這個突起太多。」科南歎道。「這個太窄。」露露也有些失望。

　　「科南！露露！」巴克特太太跑過來，帶來了一張粉紅色的字條。

　　科南唸出字條上的信息：「緊急！小狗餓得不得了。請馬上送餅乾來，謝謝！」

　　露露指着字條上咬掉的缺口說：「看來小狗確實很餓。」「我們來做個筆跡分析。」科南說。

分析筆跡

　　偵探會請筆跡專家對手寫的文件進行筆跡分析，如搶劫犯遞給銀行職員的字條、偽造的文件，還有勒索贖金的字條等。然後，把筆跡和嫌疑犯提供的筆跡樣本進行對比，作出判斷。小偵探們，快來一起學習怎樣分析筆跡吧！

你需要：

- 1 枝原子筆
- 1 張普通白紙

步驟：

1. 在紙上隨意寫幾個左右結構和上下結構的字。

2. 再請幾個人寫相同的字。

3. 注意觀察這些字的筆畫交叉特點，有的人寫字筆畫間沒有交叉、交叉出現的風格或位置各有不同。

4. 注意觀察這些字的筆畫連接特點，有的人運筆過程中沒有停筆和收筆的動作，以一筆完成幾個筆畫。

5. 注意觀察這些字的筆畫搭配特點，即是指筆畫間的相互位置及筆畫長短的比例關係。

6. 注意觀察這些字的結構特點，不同人寫的字的結構不同，有的鬆散一些，有的緊湊一些，有的可能是左右不對稱，有的可能是上下大小不協調。

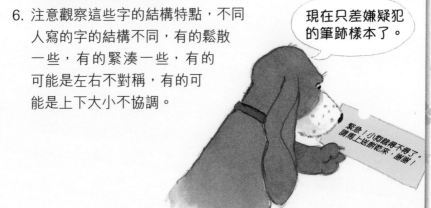

現在只差嫌疑犯的筆跡樣本了。

緊急！小狗餓得太慘了，請馬上送餅乾來，謝謝！

隱藏的線索

提取了字條上的筆跡後，科南和露露趕緊跑着去送贖小狗的餅乾。突然，他們好像看見了什麼，一起停住了腳步。

只見路邊的一間房子前停着一輛紅色的單車。露露利落地提取了單車的前胎印，和逃犯的單車車胎痕的照片對比了一下，「完全吻合！」

房門半掩着。「不知道在裏面還能找到什麼。」科南從半掩着的門探頭進去。

⬟ 小偵探學堂

◎ 提取字跡

當罪犯在一疊紙上寫字時，筆就會在下面的紙上留下印痕。這些印痕往往能為偵探提供一些重要的線索，例如地址、電話號碼等等。小偵探們，快來一起學習提取字跡的方法吧！

你需要：

• 1枝原子筆   • 幾張紙   • 1枝削尖的鉛筆

　　只見屋裏一片狼藉。碟子碎了，椅子翻倒了，衣服四處丟着。牆上有小狗的腳印，連天花板上都有。地板上有一疊粉紅色的紙，很像勒索字條用的紙。

　　科南湊近一看，說：「是空白的。」

　　「給我看看，說不定有眼睛看不見的線索。」於是，露露教科南如何在空白紙上發現字跡的方法。

步驟：

1. 用原子筆在一疊紙的第一頁上寫下幾行字。
   注意要用力一點！

2. 拿起第二頁紙，舉到光亮處。字跡出現了，
   你能讀出上面的字嗎？

3. 用鉛筆輕輕把紙塗黑。這
   下你看到的字是不是更
   清楚了？

好清楚的字跡啊！

緊急！小狗餓得不得了。請馬上送餅乾來，謝謝！

不滅的痕跡

科南高興得直搖尾巴，「寫勒索字條的綁匪肯定就住在這裏！我們用餅乾設一個陷阱吧！」

「等一等，科南。綁匪很危險。我們應該好好查一查他的底細。」

科南開始在垃圾桶裏翻找起來。他從垃圾桶裏拽出一個錫紙盤，上面留有肉餅的味道。還有，一張被撕破的牀單、一個空奶瓶、幾塊魚骨頭和一塊掉了一個輪子的滑板。

露露檢查了壁爐，發現了一本封皮已經被燒焦的書，但書名還隱約可見，《如何交朋友：孤獨的狗必讀》。她還發現了一個信封，已經揉皺、燒壞了，像是故意要銷毀證據，「看，這個信封會告訴我們綁匪的名字！」

⊕ 證據復原

　　偵探在偵查過程中如果發現燒過的紙，就會把它送往化驗鑑證所。技術人員把這些紙屑放在甘油和水的混合溶液裏進行復原。這種混合溶液能軟化紙張，使它展平。多數原子筆的筆墨遇火不易褪色，所以常常能看清復原後紙上的字跡。注意要恢復燒過的文件，一定要有大人幫忙才可進行實驗啊！

你需要：

- 1 枝原子筆
- 1 張紙
- 1 個金屬壺
- 火柴
- 長柄夾子
- 1 塊烤板
- 125 毫升甘油
- 375 毫升水
- 1 個噴霧瓶

步驟：

1. 用原子筆在紙上寫一些字。把紙揉成一團，放到金屬壺裏。請大人把紙團點燃。**警告：沒有大人幫忙千萬不能這樣做。**

2. 等紙燒焦了一部分，把火吹滅。待紙冷卻後，用夾子夾到烤板上。

3. 把甘油和水混合，把混合溶液倒進噴霧瓶裏，然後噴到紙上，把紙浸透。

4. 小心地把紙展平，這樣你就應該能看清字條上的字啦。

蘭伯斯，你就是犯人了！

汪汪城大衣巷 24 號
蘭伯斯　收

對照證據

蘭伯斯是綁匪嗎？下面是露露和科南在蘭伯斯的房子裏搜集到的證據。請你來判斷一下，這些證據和案發現場留下的蛛絲馬跡是否一樣？

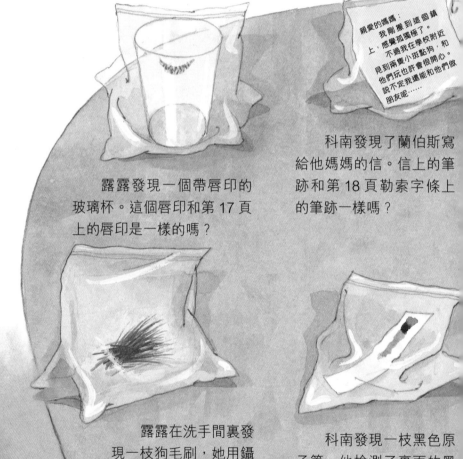

親愛的媽媽：
我剛搬到這個鎮上，感覺孤獨極了。不過我在學校附近見到兩隻小斑點狗，和他們玩也許會很開心。說不定我還能和他們做朋友呢……

科南發現了蘭伯斯寫給他媽媽的信。信上的筆跡和第 18 頁勒索字條上的筆跡一樣嗎？

露露發現一個帶唇印的玻璃杯。這個唇印和第 17 頁上的唇印是一樣的嗎？

露露在洗手間裏發現一枝狗毛刷，她用鑷子取下一些毛。這些毛和第 27 頁上的毛一樣嗎？

科南發現一枝黑色原子筆，他檢測了裏面的墨水。這枝原子筆的墨跡和第 19 頁上的勒索字條上的墨跡一樣嗎？

我想我們能證明蘭伯斯就是犯人了。

也許是⋯⋯不過我還要檢查一下他的指紋。

露露從牀底下找到一隻球鞋。第 20 頁上的鞋印是否這隻鞋子留下的？

科南在雪櫃裏發現一塊過期的芝士，被咬了一大口。上面的咬痕和第 25 頁餡餅上的咬痕一樣嗎？

真相大白

　　科南和露露來到公園。他們躡手躡腳地來到消防隧道口，悄悄把餅乾塞了進去，然後躲到了一旁。

　　裏面傳來盒子被撕開的聲音，接着是爭搶的聲音，然後是「嘎吱嘎吱」大口嚼餅乾的聲音。過了一會兒，聲音漸漸弱了下來。再過了一會兒，隧道裏變得十分安靜。科南覺得有些奇怪，「露露，我進去看看。」

　　「我和你一起去。」露露說。

　　隧道裏一片漆黑。等眼睛適應了黑暗，他們才看到三隻熟睡的狗的身影。

　　科南迅速把那隻大狗的指紋提取下來，這是最後一個證據。科南對比了大狗的指紋和他們從魚網的手柄上提取到的指紋。

　　「沒錯，他就是我們要抓的綁匪——蘭伯斯。」他說着，把蘭伯斯搖醒。

「我不是綁匪，我只是想和他們交朋友！」蘭白斯大聲喊道。

他這一叫，把兩隻小狗都驚醒了。他們一隻使勁舔着蘭伯斯的鼻子，一隻湊過去咬他的耳朵。「科南，看來我們的案子已經破了，蘭伯斯也交上了新朋友。」露露說。

⭐ 小偵探學堂

⌖ 核對指紋

在犯罪現場，犯人會留下一些指紋。當偵探或警方找到可疑的指紋，他們就會在罪犯的指紋資料檔案裏尋找是否有吻合的指紋，從而查出犯罪嫌疑犯。小偵探們，一起來試試怎樣提取和核對指紋吧！

你需要：

- 1 枝鉛筆　　• 1 張白紙　　• 透明膠紙

步驟：

1. 用鉛筆在紙上來回塗，塗出一小片黑色。
2. 讓其中一位朋友扮作疑犯把每個指頭在黑色鉛粉上蹭一下，然後其他人也跟着這樣做。

3. 再把每一個指頭在膠紙的黏貼面上按一下。
4. 把膠紙貼在乾淨的白紙上，抽取指紋。
5. 最後，將這些指紋與疑犯的指紋進行核對。

又一宗綁架案

　　第二天，郵差把一份報紙扔在樹屋底下。科南飛快地爬下梯子，撿起報紙。原來城內又發生了一宗綁架案！這一次可不是哪一隻狗想交朋友！

綁匪再次作案

　　周一近黃昏時，三隻達克斯小獵犬在香腸街小學校園裏失蹤。他們可能是幾個月來汪汪城的一系列綁架案的最新受害者。

　　昨天，偵探狗公司的偵探露露和科南幫助巴克特太太找回了她的兩個孩子。不過，經調查發現，那次綁架案是一隻狗想交朋友，由於方法不當而引起的一場誤會。

　　汪汪城警察局的多博曼警探説，這次的達克斯小獵犬失蹤案要嚴重得多，綁匪再次索取高額的贖金。

　　多博曼警探已經請露露和科南協助調查。警方提醒父母小心看管子女，不要再讓綁匪有機可乘。警方將出動全部警力，儘快將綁匪繩之以法。

目擊證人

多博曼警探、露露和科南一同趕往發生綁架案的香腸街小學。

路上，露露問多博曼警探：「有目擊證人嗎？」

「園丁鮑里斯看到綁匪逃跑了，我們可以找他問問。」

到了學校，他們去找鮑里斯詢問情況。

「大概是下午 4 時 30 分，我正在種花。忽然聽到操場那邊傳來一陣驚恐的狗吠聲。聽起來像是出什麼事了。我扔下鏟子，跑到操場上。突然，一隻狗，也可能是兩隻，騎着單車飛快地從我身邊過去。車子的速度非常快，我只看見一道紅色，還有模糊的棕色和白色影一閃而過。後來，我發現了勒索字條，就馬上報警了。」

「你處理得很好，鮑里斯。」科南讚揚他說。

現場證據

下面是露露和科南在犯罪現場發現的證據。請注意觀察，然後翻到下一頁，看看嫌疑犯的樣子。

43

嫌疑犯

以下是警方存檔的一些嫌疑犯的記錄。各位小偵探，請看看他們的哪些記錄和第 42 至 43 頁上的證據吻合。

狡猾的克萊德

1. 出名愛翻垃圾箱。
2. 笑起來鬼鬼祟祟，有一口又尖又直的牙齒。
3. 警察抓到他時，他正拿着一塊滑板。

奸詐的斯科蒂

1. 犯案纍纍的偷車賊。
2. 總是不停地唸叨「錢錢錢」。
3. 警察抓到他時，正在溜冰。
4. 有明顯的哨牙。

膽大包天的大個兒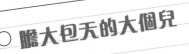

1. 膽子非常大。
2. 常常說自己討厭小狗。
3. 曾騎電單車逃跑。
4. 有尖利的哨牙。

醜陋的馬特

1. 又瘦又醜。
2. 不會騎單車。
3. 缺兩顆門牙。

誰是真正的綁匪？利用第 46 頁「嫌疑犯」破案線索幫助你找到真正的綁匪，然後看看正確的答案。

🔍 第 *13* 頁
「偵探的眼力」 評分標準及答案

　　小偵探們，你是否眼力過人？請對照第 13 頁的答案，看看你答對了幾道題。每道題 2 分，快給自己評評分吧！

評分標準：

0~2 分　你得加油啦！

4 分　　你很有當偵探的潛力。

6 分　　你目光非常敏銳。

8 分　　你是個頂呱呱的無敵偵探！

答案：

（1）2 隻；　　　　（2）和一隻大狗（蘭伯斯）在一起；

（3）骨頭形狀；　　（4）小狗身上戴着紅色狗圈。

🔍 第 *44* 頁
「嫌疑犯」 破案線索

　　各位小偵探，第 44 至 45 頁已經提供了四個嫌疑犯的資料，現在該到你動動腦筋，幫我們確定誰是綁匪了！請你在下面表格中，用「是」或「不是」或「不清楚」來回答每個問題。回答「是」最多的兩個嫌疑犯就是綁匪。

	斯科蒂	克萊德	大個兒	馬特
毛是棕色或白色嗎？				
身上有紅色的東西嗎？				
會騎單車嗎？				
牙齒是哨牙嗎？				

答案：嫌疑犯是斯科蒂和大個兒。

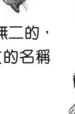

指紋的種類

在第 15 頁中，我們提到每個人的指紋都是獨一無二的，
科學家把指紋分成 8 種，一起來看看各種指紋的名稱
和形狀吧。

弧形紋

帳形紋

橈箕紋

雙箕斗紋

斗形紋

雜形紋

尺箕紋

囊形紋

案件偵破情況記錄表

小偵探們，這宗「神秘的鞋印」案件已經成功偵破了，在這個案例中我們主要學習了從案件現場提取各種痕跡的偵探技能。你對自己在各個偵探步驟中的表現，是否滿意呢？請對照下表，在對應的（　）裏加✔，給自己評評分吧。

偵探項目	你完成這個項目的情況		
提取指紋	很糟糕（　）	一般（　）	非常好（　）
提取唇印	很糟糕（　）	一般（　）	非常好（　）
分析墨跡	很糟糕（　）	一般（　）	非常好（　）
提取鞋印	很糟糕（　）	一般（　）	非常好（　）
從腳長推算身高	很糟糕（　）	一般（　）	非常好（　）
分析咬痕	很糟糕（　）	一般（　）	非常好（　）
鑑定毛髮	很糟糕（　）	一般（　）	非常好（　）
提取車胎痕	很糟糕（　）	一般（　）	非常好（　）
分析筆跡	很糟糕（　）	一般（　）	非常好（　）
提取字跡	很糟糕（　）	一般（　）	非常好（　）
證據復原	很糟糕（　）	一般（　）	非常好（　）
核對指紋	很糟糕（　）	一般（　）	非常好（　）

無敵偵探狗1

家有間諜

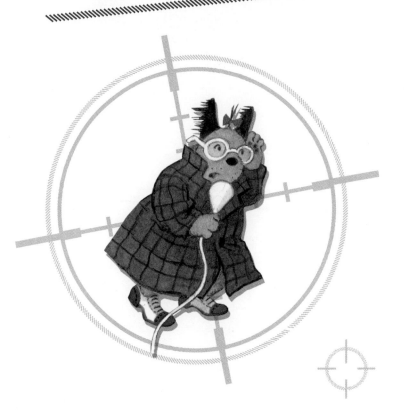

意外發現

　　這天，露露和科南為了參加學校的海盜節，正在露露家的閣樓上翻箱倒櫃地找一些合適的衣服來扮海盜。

　　「乞嗤！」科南不禁打了一個噴嚏，將黏在鼻子上的蜘蛛網一把抹掉。

　　在閣樓裏，滿布雜物，一個滿是灰塵的舊箱子引起了他倆的注意。露露好奇地擦了擦箱子上的標籤，「快看，這是艾吉姑媽的箱子！她總是打扮得怪裏怪氣的。我們看看裏面有什麼吧。」

　　科南一把掀開蓋子，只見最上面放了一個盒子。在盒子裏，塞滿了各種護照、駕駛證和身分證。科南拿起幾張證件看了看，「咦？這些證件上的照片都是艾吉姑媽，可是名字卻不一樣。這張名叫伊莎貝拉‧科南，而這張卻是約瑟芬‧博克瑟。」

　　露露也拿起一張身分證，「看，這張是特拉‧厄特爾。真奇怪，快看看裏面還有什麼東西。」

　「裏面有很多假髮、各式各樣的項圈、小相機——我還沒見過這麼小型的相機呢。還有——哇，還有一本密碼手冊啊！」露露和科南面面相覷。

　難道說，艾吉姑媽是間諜？不可能！這怎麼可能呢？

　這時，科南冒出了一個主意：「我們跟蹤一下艾吉姑媽吧。如果她是間諜，我們一定會有所發現。」

　這時，露露的妹妹菲菲從一個箱子裏探出頭來，「我也參加，可以嗎？」

　露露和科南被嚇了一跳。

　「不行，菲菲。這是很嚴肅的偵察工作。你年紀太小啦，幫不上忙。」露露一本正經地說。

　「只怕會越幫越忙。」科南心裏嘀咕着。

喬裝打扮

唔，他們應該騙不倒人的。

　　在跟蹤艾吉姑媽之前，露露和科南決定先喬裝打扮一番，不能讓艾吉姑媽察覺他們在跟蹤她。

　　「接着！試試這個，看大小合不合適！」露露扔給科南一頂沾滿灰塵的毛皮帽，「看，這兒還有艾吉姑媽的化妝箱。你坐好別動，我給你塗唇膏。」

　　「那怎麼行！我塗上唇膏不就成了女孩子啦！」科南急忙反對。

　　但露露還是興奮地按住科南，給他塗上了唇膏，「哇，效果不錯啊！」

　　不一會兒工夫，露露和科南就變得怪模怪樣的了。

⊕ 化妝小技巧

　　為了避免在追蹤目標疑犯時被人發現，偵探們都應該要懂得適時進行偽裝以掩飾身分。各位小偵探，一起來看看以下的化妝小技巧吧。

1. 把頭髮向前或向後梳，用噴髮膠抹得光溜溜的；或者改變頭髮分界的方向。（當然，你也可以直接使用形形色色的假髮呢！）

2. 在套上假髮或帽子前，應該先把自己的頭髮藏起來。你可以戴上一頂游泳帽把全部頭髮包起來，或是就地取材利用手帕或小披肩來綁起頭髮。

3. 我們也可以利用爽身粉或可可粉搽臉，可以使膚色變白或變黑。

4. 戴上太陽眼鏡，不要讓別人看到你的眼睛。

5. 在嘴裏塞幾個棉花球或幾顆香口膠，可以改變兩腮的形狀。

6. 要進行男扮女裝，可以化妝塗上唇膏、胭脂和眼影，並戴上一些女性飾物和服飾來作掩飾。

化身間諜

　　露露和科南完成化妝後，興奮地向艾吉姑媽家走去。半路上，他們遠遠地看見露露的媽媽迎面走來。

　　「媽媽絕對認不出是我們的。」科南壓低聲音對露露說。

　　露露的媽媽走近了。

　　「露露，出門之前把吃剩的骨頭埋好了嗎？」她板着臉問道。

　　「啊？你怎麼知道是我？」

　　「一看你腳上那雙球鞋就知道是你。」露露的媽媽說。

　　「哎喲！快回閣樓去。」科南說着，拉着露露就往回跑。等他倆再出來的時候，那模樣就像……唉，你還是自己看吧。

⊕ 改變模樣

　　偵探們除了進行化妝打扮，還要改變注意改變一些體形或行動特徵，以免被別人認出，快來一起看看下面這些小秘訣吧。

1. 利用服飾改變體形。
- 把一條毛巾捲起來，橫搭在後肩上，再穿上一件外套。這樣可以使你看起來更壯一些。
- 用腰帶把一個枕頭綁在屁股後面或肚子前面，再穿上一件大襯衫或外套隱藏枕頭。這樣看起來顯得胖一些。
- 在鞋子的腳跟處塞幾個紙團，穿上後能顯得高一點兒。

2. 改變走路的姿勢。
- 一瘸一拐地走——可以在鞋裏放一顆小石子，方便提醒你。
- 一條腿僵直地走——可以在一條腿的膝蓋後面綁一把尺子，使膝蓋無法彎曲。
- 大步走、腳向內撇或拖着一隻腳走。

嚴密監視

　　露露和科南終於來到艾吉姑媽家，一路上誰也沒認出他們。

　　「我們這裝倒是化得天衣無縫。不過，要是艾吉姑媽看見兩個陌生人總在她家附近遊蕩，起了疑心，那該怎麼辦？」

⭐ 小偵探學堂

◎ 製作間諜眼鏡

　　偵探們為了方便跟蹤疑犯，時常需要利用一些小道具來進行監察。小偵探們，快來一起試試動手製作你的專屬間諜眼鏡吧。

你需要：

- 膠紙
- 1面或2面小鏡子（在藥店裏可以買到牙醫用的小鏡子，請大人幫你去掉上面的手柄。）
- 1副玩具眼鏡

「有道理。我們轉身背對着她家，假裝看報紙吧。」

科南說着從口袋裏拿出一樣東西來，「戴上這副間諜眼鏡，不用回頭就能監視艾吉姑媽啦。」

步驟：

1. 取一小段膠紙，黏貼面朝外，捲成一個圈。
2. 把膠紙貼在小鏡子背面，然後如圖所示把它牢牢地貼在一塊眼鏡片內的上角。
3. 你還可以再用膠紙做一個圈，給另一塊鏡片也貼上一面小鏡子。
4. 調整鏡子的角度，直到不用回頭就能看到背後的情況為止。

窺探「敵情」

「她出來了。」科南低聲說。只見艾吉姑媽打開門，走了出來。

「快跟着她。」露露和科南尾隨着艾吉姑媽來到街上。艾吉姑媽一邊走，一邊欣賞自己映在路邊玻璃櫥窗上的樣子，走過了一條街。

接着，艾吉姑媽來到公園，盪了一會兒鞦韆。然後她穿過公園，進了一家麵包店，買了一袋甜甜圈。最後，她進了一家美容院。

「艾吉姑媽一定是進去做美容了，她每星期都去。」露露說。

「要是她改了模樣，我們認不出來，那怎麼辦？」

「用這個監視鏡監視她。」科南說着，掏出一個像牛奶盒一樣的東西來。

⊕ 製作監視鏡

各位小偵探，在監視疑犯的時侯，要注意從遠處觀察，保持距離。我們一起來製作監視鏡吧。

你需要：

- 剪刀
- 1 個一公升裝的空牛奶盒
- 2 面小鏡子
- 膠紙

步驟：

1. 用剪刀把牛奶盒的兩頭剪掉。

2. 在盒子一面剪一個邊長 5 厘米的正方形小孔。小方孔上面的邊距離盒子頂部 2.5 厘米。在相對的另一面也剪出一個同樣大小的小方孔。小方孔下面的邊距離盒子底部也是 2.5 厘米。

3. 如右圖所示，用膠紙把兩面鏡子貼在盒子裏面。鏡子與盒子內壁成 45 度角，兩面鏡子的鏡面相對。

4. 快來試試你的監視鏡吧。你可以跟朋友一起玩偵探遊戲，扮演「小偵探」的小朋友在一個轉角處用它來進行監視。一個小方孔對着你的眼睛，另一個小方孔探出轉角處。監視扮演疑犯的小朋友。

偷聽機密

　　艾吉姑媽出了美容院，從頭到腳都撲了粉，香噴噴的。她心情愉快地從露露和科南身邊走過，根本沒注意到他們。

　　「她身上的香味濃了些，不過是艾吉姑媽，沒錯。」露露說。

　　他倆繼續跟蹤。走了一會兒，艾吉姑媽就進了一個電話亭。

⭐ 小偵探學堂

⊕ 製作間諜電話

　　要製作隔牆偷聽的工具，其實只要一些簡單的工具就夠了，例如把杯口對着牆壁或門，然後把耳朵貼在杯底仔細聽。現在，我們來一起製作一個間諜電話吧。

你需要：

- 1 根橡膠管做電話線，需要多長就剪多長。（五金店裏有售）
- 2 個漏斗
- 膠紙

「我們得聽聽她說什麼。」露露說着，從背包裹拿出一個玻璃杯。

「太好啦！」科南說，「我繼續監視，你用間諜電話告訴我艾吉姑媽在說什麼。」他一邊說，一邊把間諜電話遞給露露。

步驟：

1. 把兩個漏斗分別插入橡膠管兩端。如果接頭太鬆，就用膠紙貼牢。
2. 對着一個漏斗講話，讓朋友聽另一端，管子拉緊時效果最好。

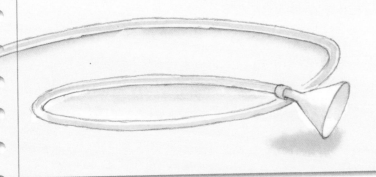

秘密傳信

　　露露和科南聽到艾吉姑媽說下午兩點鐘在雪糕攤見面。她要見的是什麼人呢？

　　他們尾隨着艾吉姑媽又回到了公園裏。科南監視着艾吉姑媽的一舉一動。露露則一邊盪鞦韆，一邊觀察周圍的情況，看看是否有別的間諜來和姑媽見面。

　　「哎喲，不好——菲菲也來啦！」科南看見露露的妹妹菲菲爬上了露露身邊的鞦韆，不禁絕望地叫了一聲，心想：「希望露露那身打扮能瞞過菲菲的眼睛。」

　　就在這時，艾吉姑媽向人多的地方走去。科南得給露露發信號，趕緊行動。為了不驚動菲菲，他做出不經意的樣子，蹓躂着走過鞦韆架，順手把一塊巧克力扔進露露放在草地上的背包裏。

　　這可不是普通的巧克力呢！露露撕開包裝紙，看見裏面藏着一張字條。

⊕ 秘密傳遞信息

　　各位小偵探，你們又會用什麼方法秘密地傳遞信息呢？快來試試以下的方法吧。

1. **藏在文具裏**：把字條捲起來，塞到空的原子筆芯裏。
2. **藏在食物裏**：
- 巧克力：小心地把字條塞進巧克力內外兩層包裝紙的中間。
- 糕餅：用蠟紙把字條包起來，然後把它塞進糕餅裏。你還可以在烤餅乾之前，把字條用蠟紙包好，塞進麵團裏，然後像平常一樣放進焗爐裏焗製。但是，一定要讓拿到甜點的人知道裏面藏着字條。你可以打一個信號，如眨兩下眼睛，或在餅乾上做個標記，如放上一片香蕉，或撒一點白糖。

3. **寄信件**：在信封的右上角，用鉛筆寫一條短訊（記住字體要非常小），然後把郵票貼上該位置以蓋住文字，完成後就寄給你的伙伴。你的伙伴收到信之後，必須用蒸汽把郵票揭下來，才能看到上面的字。收信者只要燒開一壺水，戴上隔熱手套，用長夾子夾住信封，把信封伸到水蒸汽上。膠水遇蒸汽融化，郵票就能不留痕跡地揭下來了。（記住必須在大人陪伴下才能進行此實驗啊！）

4. **傳氣球**：把字條塞進氣球裏，給氣球充上氣紮好，然後傳給你的伙伴。

艾吉姑媽已開始行動，速跟蹤。

第三隻「眼」

　　露露和科南用報紙作掩護，偷偷地給曾經接近艾吉姑媽的小狗都拍了照。例如，有賣雪糕的小販，一隻玩滾軸溜冰的小狗曾經撞到姑媽，還有嬰兒手推車裏的嬰兒。說不定他們之中就有間諜。

　　下午兩點鐘，見面的時間到了。只見菲菲蹦蹦跳跳地跑到艾吉姑媽的身邊，她們愉快地聊了起來。

　　「糟了！這事要給菲菲搞砸了！」露露在一旁乾着急，只能壓低了嗓子抱怨，「來和艾吉姑媽接頭的間諜看見菲菲，怎麼可能還會露面？」

　　「說不定艾吉姑媽早就和他見面了。」科南悄聲說，「那嬰

兒手推車裏的嬰兒是真的嗎？還有那個玩滾軸溜冰的傢伙和賣雪糕的，他們都很可疑。」

「有道理，科南。我們回去把照片沖曬出來，仔細看看。」

秘密拍攝照片

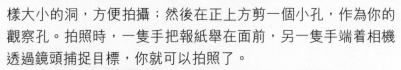

為了搜集證據，偵探常常需要利用相機捕捉目標人物的一舉一動，需要具備攝影能力。

為免引人注意，偵探就要把相機隱藏起來。例如，在報紙上，先剪出一個和鏡頭一樣大小的洞，方便拍攝；然後在正上方剪一個小孔，作為你的觀察孔。拍照時，一隻手把報紙舉在面前，另一隻手端着相機透過鏡頭捕捉目標，你就可以拍照了。

你還可以利用購物袋或背包來進行掩飾。如果你想拍正在監視的房屋或其他建築物，這個辦法很有效。當你想拍照時，只要把手伸進手袋或背包裏，假裝取東西，趁機按下快門就行了。如果你沒有相機，也可以快速地做個記錄或畫素描，以幫助你記住被監視的人的外貌特徵。

例如：
1. 身高多少？你可以籍自己的身高或身邊一些事物的高度來跟目標人物對比一下就能大概估計得到了。
2. 目標人物的臉上有沒有傷疤、痣等等這類容易記住的特徵。
3. 頭髮和眼睛是什麼顏色的？
4. 指甲是長是短？是否塗了指甲油？是否髒兮兮的？

暗號戒指

　　他們發現當中那張嬰兒手推車的照片頗為可疑。從嬰兒手推車伸出來的好像是一隻毛茸茸的大爪子。「走，回公園看看去。」露露說。

　　於是，他倆又跑回公園，可是嬰兒手推車已經不見了。這時，科南發現艾吉姑媽正追趕着一隻蝴蝶，向他們這邊跑來，眼看自己就快要被發現了。情急之下，科南拉着露露躲進了灌木叢。接着，他飛快地把手伸進口袋裏，套上一隻暗號戒指，舉起手指，在露露眼前晃了兩下，然後轉身跟蹤艾吉姑媽去了。

　　露露留心看了一眼戒指上的珠子，「紅、綠、紅，這是發給我的暗號。」

⊕ 製作暗號戒指

你可以用以下方法來製作一隻獨一無二的暗號戒指：

你需要：

- 大約 15 厘米長的細金屬線
- 各種顏色的小珠子

步驟：

1. 和你的拍檔一起，商量定下珠子的不同排列方式各代表什麼意思。比如：用「紅、藍、紅」表示「10 分鐘後在更衣室見」，用「紅、紅、黃、綠」表示「有人跟蹤你」。把這些排列方式與其所代表的意思記在筆記簿上，藏在安全的地方。

2. 現在做戒指。把金屬線對摺，然後把金屬線從末端開始擰在一起，不要擰到盡頭，留下一個小圈。

3. 選出你需要的珠子，穿在金屬線上，再把金屬線繞到手指上。

4. 把線的一端穿進另一端的小圈裏，再纏一下，把戒指纏牢，然後把多餘的金屬線剪掉。

注意：

看珠子要順着小指到拇指的方向。比如，本頁上圖的暗號是「紅、黃、藍」，而不是「藍、黃、紅」。按照同樣的原理，你還可以用其他辦法傳遞信息，例如：把毛公仔放在睡房的窗台上，變換排列方式，傳遞不同的信息。

間諜的暗袋

「紅、綠、紅，紅、綠、紅。哎喲，這是什麼意思？想不起來了！」露露急得抓耳撓腮，又不能問科南——他跟蹤艾吉姑媽，已經離得老遠了。

小偵探學堂

⊕ 隨身收藏小冊子

偵探們在調查案件時，會把相關的重要線索記在小冊子裏，把它隨身收藏起來，例如：

- 把小冊子放進鞋裏，然後用鞋墊蓋上。
- 把小冊子塞進褲腳翻邊裏或袖口裏，用別針固定，別讓小冊子掉出來。
- 戴頂帽子，把小冊子塞進帽子裏。

幸好，露露隨身帶了記暗號的小冊子，就藏在外套裏。她一閃身躲進了電話亭，從外套的暗袋裏掏出小冊子，終於查出了暗號的意思。

啊！我明白了，「紅、綠、紅」的意思是「馬上到樹屋見面」，我得趕快走了。

一波三折

露露跑到樹屋底下，科南已經在那兒等着了。「艾吉姑媽現在在哪兒？」露露問道。

科南搖搖頭，「我跟到好樂巷，碰上一羣狗在追一隻貓，亂哄哄的，就給跟丟了。我們得重新計劃一下。」

露露和科南蹬着梯子上了樹屋。露露先爬了進去，「先檢查一下我們的反間諜監視裝置。」於是，他倆開始四處察看。如果他們不在時有人來過，一定會留下痕跡。果然，不一會兒，他們就發現了可疑的跡象。

「糟糕，我們被盯上了！有人來過樹屋！」

◎ 製作反間諜監視裝置

　　露露和科南在樹屋設置了反間諜監視裝置，一起來看看如何設置反間諜監視裝置吧。

- 在書桌上放兩把鑰匙，看上去好像是隨意放的，不過要記住鑰匙擺放的位置。這樣，如果有人動過，你一眼就能發現。

- 用一把剪刀在鉛筆筆桿上削一個小凹口作記號（記者要注意安全啊！）。把鉛筆放在書桌上，記住鉛筆擺放的位置。如果想知道是否有人動過，看看記號的位置就知道了。

- 離開房間時，在門和門框之間靠近地面的位置夾一根牙籤。把門關緊，齊門縫把伸出的那段牙籤折斷，收好。如果有人開門，牙籤就會掉到地上。即使這人發現了牙籤，又重新放了一根，你用手裏的斷牙籤一比就知道了。

- 將一根幼線或頭髮的兩端分別貼在窗台和窗框上，如果有人擅自推窗闖入，一定會把幼線或頭髮拉斷或拉開。

緊急措施

　　露露和科南正在查看反間諜監視裝置，突然傳來一陣刺耳的歌聲，唱得還挺高興。

　　科南把頭探出窗外，「是艾吉姑媽！她怎麼上這兒來了？」

　　「嗨，小寶貝！」艾吉姑媽朝他揮揮手，「我來喝下午茶——快下來吧。」

　　「天哪！她認出你了！怎麼辦？」露露想了想說，「我們還是下去吧。這樣我們至少還能監視她。不過，得先放好防盜警鐘再走。」

　　為了加強防範，露露和科南放了兩個防盜警鐘。

⊕ 製作警鐘

露露和科南放的第一個警鐘叫「爆竹」。製作方法如下：

你需要：

- 3 枚圖釘（要注意安全）
- 1 張卡片
- 鉛筆
- 膠紙
- 1 個氣球

步驟：

1. 用鉛筆在卡片上畫一條中線，把 3 枚圖釘等距釘在卡片的中線上，用膠紙把圖釘固定在卡片上。
2. 將氣球充好氣，紮緊，固定在門下角。
3. 把卡片貼在門後的牆上，釘尖朝外，卡片的位置要正對氣球。當有人推門進入時，氣球就會撞上釘子，發出響亮的聲音。

第二個警鐘叫「蜂鳴器」。製作方法如下:

你需要:

- 剪刀
- 3 根 20 厘米長的銅絲電線(注意:你也許要用更長一些的電線。先看完製作說明,再決定電線的長度。)
- 2 張邊長 12 厘米的正方形硬紙板
- 錫紙
- 電線膠布
- 1 隻舊襪子或 1 塊厚布
- 2 枚 D 型電池
- 1 個蜂鳴器(在五金店裏可以買到)

步驟:

1. 請大人幫忙,用剪刀把 3 根電線兩頭的塑膠外皮各剪掉 1 厘米。
2. 在每張硬紙板的一面鋪上錫紙,光面朝外,貼好。

3. 用電線膠布把電線的一頭貼在一張硬紙板有錫紙的一面。這是 1 號線。

4. 再把一根電線貼在另一張硬紙板上。這是 2 號線。

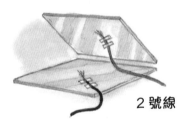

2 號線

1 號線

5. 從襪子或厚布上剪下 4 小塊布條,如下圖所示,分別貼在一塊硬紙板 4 條邊的邊緣上。

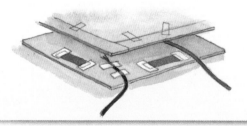

6. 用電線膠布把兩張硬紙板貼在一起，有錫紙的一面朝內。不要讓裸露的電線互相接觸，也不要碰到布條。

7. 把一枚電池的正極對着另一枚電池的負極，用電線膠布貼在一起。這就是你的電池組。

8. 按照下面的步驟貼好電線的剩餘部分：
- 用電線膠布把 1 號線的另一端貼在蜂鳴器的螺絲上。
- 用電線膠布把 2 號線的另一端貼在電池組的一端。
- 用電線膠布把第三根電線的一頭貼在電池組的另一端，一頭貼在蜂鳴器的另一個螺絲上。

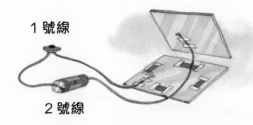

9. 試驗一下你的警鐘。用腳踩硬紙板，電路接通，蜂鳴器就響了。如果沒有響，檢查電線、電池和蜂鳴器之間的連接是否牢固。如果腳離開硬紙板後蜂鳴器還在響，則需要在兩塊硬紙板之間多加幾塊布條。

10. 把電線藏在門墊下，把蜂鳴器和電池組藏在門後，不讓闖入者看見。如果有人闖進來，一腳踩在硬紙板，蜂鳴器就會響起來。

間諜在行動

　　露露和科南從樹屋上爬下來，向艾吉姑媽走去。艾吉姑媽迎過來摟住孩子們親個沒完，他們差點兒就喘不上氣來了。

　　突然，樹屋裏傳來防盜警鐘的聲音。露露和科南閃電一般跑向樹屋。

　　露露在樹下仔細搜尋，科南順着梯子爬上樹屋。闖入者已經逃跑了，屋裏到處都是他留下的泥鞋印。

　　科南正在尋找更多的線索，忽然瞥見窗台上摩斯密碼機的燈光開始閃爍。是露露的信號——她正用摩斯密碼機在樹下給他發信號。

　　科南抓起筆記簿和鉛筆，開始翻譯信號。

小偵探學堂

⊕ 製作摩斯密碼機

製作摩斯密碼機的方法如下：

你需要：

- 剪刀
- 3 根約 20 厘米長的電線
- 1 隻木夾子
- 1 個小燈泡（3 瓦以下）和燈泡底座（可以在超級市場裏買到）
- 電線膠布
- 1 枚 D 型電池

77

步驟：

1. 請大人幫忙，用剪刀把兩根電線一端的塑膠外皮剪掉 2.5 厘米。

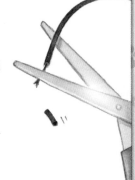

2. 把兩根電線裸露銅絲的一端分別纏在木夾子的兩隻腳上。

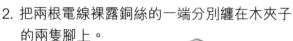

3. 把木夾子的兩隻腳夾在一起，讓兩根電線接觸。根據情況調整電線的位置。

4. 請大人幫忙，把兩根電線另一頭的塑膠外皮剪掉 1 厘米。

5. 用電線膠布把其中一根電線裸露的銅絲接在燈泡底座的一邊，把電線纏在底座上。

6. 用電線膠布把另一根電線裸露的銅絲固定在電池上。

7. 請大人幫忙，把餘下的那根電線兩頭的塑膠外皮各剪掉 1 厘米。

8. 把這根電線的一頭接到燈泡底座
   上，另一頭接到電池的另一端。
   必要時用電線膠布固定。

9. 發信號時，先把木夾子放在水平面上，然後輕輕地把木夾
   子一開一合，燈泡就一亮一暗。如果燈不亮，就要檢查所
   有連線的地方，也許還需要加一枚電池。加電池的方法見
   第 75 頁第 7 個步驟。

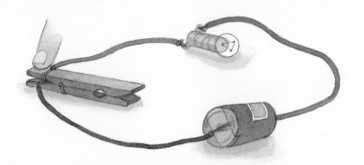

　　最後，你可以和同伴一起編簡單的摩斯密碼信號，比如：
兩長一短的光代表「有陌生人要來，藏起密碼手冊」。

跟蹤追擊

　　科南飛快地從樹屋上爬下來和露露會合。他們發現泥鞋印穿過馬路，然後旁邊多了一雙鞋印，又多了一雙，然後又多了一雙。

　　「哇！一定是一大夥人！」露露有些緊張。

　　只見泥鞋印上了露露家的大門前的樓梯，進了屋子。他們跟着鞋印往前走，一直跟到通向閣樓的樓梯口，鞋印消失了。

　　露露和科南對視了一下，露露倒吸一口涼氣，科南嚥下一口唾沫。

　　露露家的閣樓上有一夥闖入者！

🛡️小偵探學堂

⊕ 「間諜」的眼力

　　各位小偵探，請仔細觀察上圖的鞋印，你有什麼發現？（答案見第 88 頁）

1. 這夥闖入者共有幾個人？

2. 他們的性別和年齡？

3. 這些腳印有什麼可疑之處呢？

閣樓上的闖入者

露露和科南該怎麼辦呢？他們只有兩個，可閣樓上一定擠滿了闖入者。

突然，上面傳來一陣「咯咯咯」的笑聲。

露露和科南爬上閣樓，發現閣樓裏有兩個裝扮怪異的陌生人。

「我們還在想呢，不知道你們什麼時候能發現我們。哈哈哈……」這笑聲很熟悉，是菲菲。「你們被鞋印騙了吧？」

露露轉向另一個陌生人問道：「你是艾吉姑媽？」

「沒錯，小寶貝。」艾吉姑媽和菲菲脫掉了偽裝。

「難道你真的是間諜？」科南接着問。

「沒錯。」

「那今天你是怎麼知道我們在跟蹤你？」露露問道。

「當然，今天是想看看你們的身手，所以沒揭穿你們。」

唉，被人牽着鼻子跑了一天，露露和科南多少有些不甘心，尤其是菲菲也早知情。不用問，今天發生的許多事情，也一定是艾吉姑媽和菲菲設計好的。

「你們不要再想啦！」艾吉姑媽看出露露和科南在想什麼，「我給你們講講我當間諜的經歷吧。」

這倒是露露和科南感興趣的。於是，他們和菲菲一起圍在艾吉姑媽的身邊，聽姑媽講述她的間諜生涯。

這時，窗外下起了雨，雨點打在閣樓的窗戶上。

「故事要從一個漆黑的夜晚說起。那是在……」

★ 小偵探學堂

⊕「兩隻鞋」

艾吉姑媽和菲菲為了迷惑露露和科南，用了一個辦法，叫「兩隻鞋」。你也想試試嗎？方法如下：

你需要：
- 1 雙鞋子或靴子
- 2 根冰球棍（或相似的長棍）
- 封箱膠紙

步驟：

1. 把長棍的一端伸進鞋子或靴子裏。如果有鞋帶，就用鞋帶把鞋子牢牢地綁在長棍上。如果沒有鞋帶，就用封箱膠紙固定。這就是你的「棍子鞋」。

2. 用的時候先拿它到泥地蘸一下，然後按在地上。一定要左右兩隻鞋交替按。

3. 把大號靴子前後反着穿，這樣也能迷惑跟蹤你的人。

他們一定會上當的。

83

艾吉姑媽的故事

　　幾個小時過去了，艾吉姑媽講述了她的間諜生涯裏發生的一個又一個故事。露露、科南和菲菲聽得津津有味。

　　說着，艾吉姑媽伸了伸懶腰，打了個呵欠，她感到累了。

　　「再講一個吧，就一個。」科南、露露和菲菲纏着艾吉姑媽不放。

「好吧，小寶貝，就再講一個。」艾吉姑媽想了想，然後又開始說了，「那是在尼泊爾的首都加德滿都，我的任務是把一份絕密的狗糧配方交給我的拍檔。」

「我正在公園裏等他，突然注意到周圍有可疑跡象。公園裏到處都是貓！而且個個都鬼鬼祟祟的。加德滿都——我看那地方

應該叫『貓多滿都』才對。」

「我認出其中兩隻貓是敵方的間諜。就在這時，我的拍檔到了。我要是把秘密情報給他，一定逃不過敵方間諜的眼睛。幸好我帶了秘密武器。」

「哇，艾吉姑媽，你的秘密武器是什麼？」露露迫不及待地問道，「是不是臭彈？」

「是玩具槍嗎？」菲菲問道。

「是高壓水炮吧？」科南問道。

艾吉姑媽連連搖頭，「都不是。是沙丁魚罐頭。我一打開罐頭，那些貓聞到魚味，就都撲上去搶，搶得頭破血流。於是，我趁亂和拍檔交換了網球拍。」

「網球拍？」

「是啊，秘密情報就藏在球拍柄裏面。」科南驚訝得瞪大了眼睛。

加德滿都和貓的故事講完了，他們又回到現實中。此時，窗外已雨過天晴。

「哎，艾吉姑媽，你能不能教我們幾招傳密信？」科南問。

「當然可以，小寶貝。我們間諜叫它做『送情報』。」

就這樣，狗偵探露露和科南跟姑媽渡過了愉快的時光，上了特別的一課。

⬡ 小偵探學堂

⊕ 秘密送情報

這天晚上，艾吉姑媽給這三名實習間諜傳授了一些交換情報的方法。你也可以試一試：

- 在街上假裝和拍檔撞個滿懷，撞掉對方的購物袋。假裝幫對方收拾掉出來的東西，趁機交換情報。
- 兩人帶上一模一樣的報紙、書或購物袋，裏面預先放好情報信息。在巴士站或公園長椅上碰頭，巧妙地互相交換。
- 在圖書館裏，把情報藏在書中。事先和拍檔選好一本書，這樣他就知道該去找哪一本了。

🔍 第 81 頁

「間諜」的眼力答案

1. 4 人。
2. 不能確定。
3.  這組鞋印比較疏，步伐比較大，疑犯有可能體型較高大。

🔍 「間諜」行為規範

　　小偵探們，你們在嘗試本書中的各種活動時，記住要尊重別人的私隱。千萬不要隨便偷聽私人談話，要尊重私人財產，要注意安全。千萬不要跟蹤陌生人。露露和科南祝你玩得高興！

摩斯密碼

你聽說過摩斯密碼（Morse code) 嗎？在故事中，艾吉姑媽介紹過，它是美國人摩斯發明的由點（●）和劃（－）兩種符號組成的通訊符號。間諜發送情報時也會用到它。下面是 26 個英文字母所對應的摩斯密碼。

A ● —
B — ● ● ●
C — ● — ●
D — ● ●
E ●
F ● ● — ●
G — — ●
H ● ● ● ●
I ● ●
J ● — — —
K — ● —
L ● — ● ●
M — —

N — ●
O — — —
P ● — — ●
Q — — ● —
R ● — ●
S ● ● ●
T —
U ● ● —
V ● ● ● —
W ● — —
X — ● ● —
Y — ● — —
Z — — ● ●

間諜技能掌握情況記錄表

小偵探們，這宗「家有間諜」案已經成功偵破了，在這個案例中我們主要學習了做一名間諜需要具備的多種技能。你對案件中提到的各種間諜技能，掌握得怎樣呢？請對照下表，在對應的（）裏加✓給自己評評分吧。

間諜技能	你掌握這項技能的情況		
化裝小技巧	很糟糕（　）	一般（　）	非常好（　）
改變模樣	很糟糕（　）	一般（　）	非常好（　）
製作間諜眼鏡	很糟糕（　）	一般（　）	非常好（　）
製作監視鏡	很糟糕（　）	一般（　）	非常好（　）
製作間諜電話	很糟糕（　）	一般（　）	非常好（　）
秘密傳遞信息	很糟糕（　）	一般（　）	非常好（　）
秘密拍攝照片	很糟糕（　）	一般（　）	非常好（　）
製作暗號戒指	很糟糕（　）	一般（　）	非常好（　）
隨身收藏小冊子	很糟糕（　）	一般（　）	非常好（　）
製作反間諜監視裝置	很糟糕（　）	一般（　）	非常好（　）
製作警鐘	很糟糕（　）	一般（　）	非常好（　）
製作摩斯密碼機	很糟糕（　）	一般（　）	非常好（　）
「兩隻鞋」	很糟糕（　）	一般（　）	非常好（　）
秘密送情報	很糟糕（　）	一般（　）	非常好（　）

各位小偵探，
你們喜歡我們的偵探故事嗎？
請大家期待我下一本新書吧！

露露與科南
無敵偵探狗

無敵偵探狗 1
神秘的鞋印

作　　者：路易絲・迪克森 (Louise Dickson)
　　　　　阿德里安娜・梅森 (Adrienne Mason)
繪　　圖：派特・庫普勒斯 (Pat Cupples)
譯　　者：張韶寧
責任編輯：胡頌茵
設計製作：鄭雅玲
出　　版：新雅文化事業有限公司
　　　　　香港英皇道 499 號北角工業大廈 18 樓
　　　　　電話：(852) 2138 7998
　　　　　傳真：(852) 2597 4003
　　　　　網址：http://www.sunya.com.hk
　　　　　電郵：marketing@sunya.com.hk
發　　行：香港聯合書刊物流有限公司
　　　　　香港新界大埔汀麗路 36 號中華商務印刷大廈 3 字樓
　　　　　電話：(852) 2150 2100
　　　　　傳真：(852) 2407 3062
　　　　　電郵：info@suplogistics.com.hk
印　　刷：中華商務彩色印刷有限公司
　　　　　香港新界大埔汀麗路 36 號
版　　次：二〇二〇年五月初版

版權所有・不准翻印

本書全球中文繁體字版權（除中國內地）由 Kids Can Press Ltd., Toronto, Ontario, Canada 授予

Originally published in English under the following titles:
CRIME SCIENCE
Text © 1999 Louise Dickson
Illustrations © 1999 Pat Cupples
SPY STUFF
Text © 2000 Adrienne Mason
Illustrations © 2000 Pat Cupples
Published by permission of Kids Can Press Ltd., Toronto, Ontario, Canada.
All rights reserved. No part of this publication may be reproduced, stored in retrieval system, or transmitted in any form or by any means, electronic, mechanical photocopying, sound recording, or otherwise, without the prior written permission of Sun Ya Publications (HK) Ltd.

ISBN: 978-962-08-7515-1
Traditional Chinese edition © 2009, 2020 Sun Ya Publications (HK) Ltd.
18/F, North Point Industrial Building, 499 King's Road, Hong Kong
Published in Hong Kong
Printed in China